U0237849

欢迎来到悠宝的世界……

有一天，你会长大

悠鹿苏苏 著

世界图书出版公司

上海 · 西安 · 北京 · 广州

PREFACE 序

转眼间，我的小朋友就已经从一个小婴儿长成了一个能说会道能跑能跳的小小伙子，可是，两年多之前的那个下午在脑海中还那么清晰。手术室里，刚刚出生的小家伙被放到不远处的床上，靠在墙边侧身躺着，没哭两声就安静了。再然后——我看到他睁一只眼闭一只眼在打量这个对他来说崭新的世界，黑黑亮亮的小眼珠，稍带卷曲还湿漉漉的胎发，粗粗弯弯的眉毛像极了爸爸。这一幕，我想我这一生都是无法忘记了。他看到对面躺在手术台上微笑望着他的妈妈了吗？

就这样，我成了一名母亲。一个到怀孕时还怀有少女情结，甚至无法想象自己哺乳情形的大龄女青年，在宝宝被抱到面前的那一刻，一切都是那么自然。我跟之前的世界完全划清了界限，我成了一名母亲。我的大脑应该也发生了一些变化，完全进入了另一种模式，每天想得最多的是这个只知道吃吃玩玩的小不点儿，在某些时刻，竟然不自觉呈现出自己原本无法想象的"奉献"状态。我学会了很多育儿技能，变得可以更成熟地去思考问题，比以前冷静了，反思能力似乎也有增无减，深刻体会到了作为一名母亲的苦和乐，也开始用漫画来记录宝贝带给我的感动和欣喜。

零到三岁之间，是宝宝和妈妈的热恋期吧，彼此之间都非常依恋。在宝贝一岁半时，因为一些事情，我跟他分开了几天。一个人独处的安静午后，我突然想到了将来的某一天，他会长大，变成大孩子，而变成一个有自己主意有自己生活的小伙子。到那个时候，母子之间的相处情形与现在相比应该大相径庭吧。就这样，居然为那遥远的还没有到来的成长和分别伤感得流下了眼泪。当时，那种失落和不舍的情绪很强烈，于是就写下了漫画《有一天，你会长大》的脚本，又画了出来。完全是自己真实的心情。当时并没有想到会有那么多人喜欢这套漫画，为它所感动。

是的，作为孩子，大家的成长轨迹是相似的；作为父母，我们的心情和感怀也不尽相同。有一天，曾经是婴儿的我们长大了；有一天，还是小宝宝的你们会长大。这是时间送给我们每个人都相同的一份礼物。重要的并不是将来你长大了我会如何伤感，而是，我该如何去好好珍惜和陪伴你一起度过这迈向未来的每一天。

这是一位爱画画的妈妈和她的宝贝一起送给大家的一份小礼物，希望你们喜欢。

人物介绍

苏苏：悠宝的妈咪

- 漫画涂鸦爱好者
- 可连续记住四个梦的思维跳跃人士
- 有童心的大龄女青年
- 小时候想当作家长大了想做导演
- 最后莫名其妙拿起画笔的职业理想不坚定者

宝爸：悠宝的"筹地"

- 科学探索文化哲思类读物爱好者
- 擅长厨艺会在家开发新菜品的创意人士
- 老婆眼中的好老公，宝宝心里的温柔好爸爸
- 对父母尽守孝道、对朋友忠肝义胆、对同事
  耿直真诚……（应本人要求删除数百字优
  秀评语）

悠宝：双子座的小兔宝，小男生

- 集淡定、热情、敏感、火爆、活泼
- 可爱、乖巧懂事、调皮捣蛋、善解人意
- 等多重个性于一身的兔宝贝一只

从一个人到三个人

| 20❤❤年3月 |  恋爱啦 |

| 20❤❤年10月 |  结婚啦 |

| 20❤❤年10月20日 |  好孕来临 |

| 20❤❤年10月 ? 20❤❤年6月 |  孕妇生涯 |

| 20❤❤年6月20日 |  宝贝来到了 这个世界上 |

进入人生的 另一阶段 ⇒ 新手爸妈

CONTENTS 目录

有一天
你会长大

现在还小小的宝贝，
总有一天会慢慢长大。
在某个不经意的瞬间，
突然想起了你和我的未来，
就是这样，
一次一次作别，
一次次远去……

再见，妈妈！

小小的你，现在很依恋妈妈。

看到妈妈走了，会大哭。

睡梦中也会喊妈妈。

喜欢拉着妈妈的手入睡。

你别看你现在小小的，那么依恋妈妈，很快，你就长大了，知道不？

要听老师的话！

三岁，你会去上幼儿园。

偷瞄~

哦！

六岁，你就要上小学了。

宝贝上课要专心哦！

知道啦！

是的,

有一天,

你会不再那么需要我.

每一次,

与你挥手作别,

离你的距离都会远一点,

再远一点.

总有一天，
我会淡出你的世界。

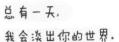

变成电话里的叮咛。

手机里的短信。

信纸上的笔迹。

或者，
只是一张照片而已。

2088-5-1

你会拥有你的世界，朋友，事业，家庭，
各种各样的人和事占据了你的生命。
在那里，我只占据一个
小小的角落。

你可能远走高飞，住在离我很远的地方。

老太婆，你老年痴呆又犯了，儿子在这个半球！

老头子，儿子是在这里吧？

你可能非常忙碌，少有时间来看看我们。

妈，最近实在太忙了，下个月再回家吧？

你更是可能早已忘记了，
还那么小的时候，
曾经那么那么依恋妈妈，
需要妈妈的手和拥抱。

妈妈妈妈……

我来了宝贝儿！

不过，这就是人生。

你总要长大。

2011.6

2017.9

2029.9

我们总要老去。

2009.10

2089.10

时光总要
丰满你的羽翼，
带你飞去
更远更精彩的地方。

所以，
在你还那么依恋我的时候，
我会尽可能地陪伴你，
享受这只属于我们的
短暂又幸福的时光。

"你小时候特别喜欢黏着妈妈，一岁半的时候会说，妈妈，来，来，一边挥着小手让妈妈过去。"

"是吗，我那时候那么黏人啊，呵呵。"

"对啊，就像小狗一样，不对，比小狗还要黏人！"

黏人小狗狗又现身了！

妈妈，来，来……

宝贝，

多年以后你长大了，

如果再看到妈妈这套漫画，

如果不是很忙，

要记得回来看看我和你爸。

希望那个时候妈妈还没有

得老年痴呆哦。

——永远爱你的妈咪

第一章

甜蜜的负担

烦恼一：为了你，我不小心变成了一个"胖纸"……

烦恼二：频繁夜起，早就忘记一夜酣睡是什么滋味……

烦恼三：远离原来的生活圈和各种娱乐……

烦恼四：原本融洽的婆媳关系也因为育儿理念
的差异而面临前所未有的考验……

烦恼五：几乎没有了自己的个人空间……

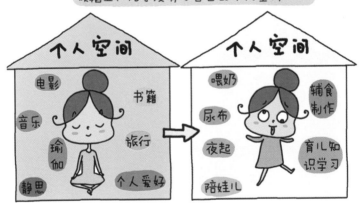

还记得那段时光，照顾一个新生的小生命，手忙脚乱，异常忙碌。
不过，一切都是暂时的，所有的紧张忙乱都会过去。
有一天，你说不定还会怀念最初跟小家伙在一起的日子呢……

地球上有这样一群小生物~

当他们渐渐长大，从"奶类动物"进化为"杂食类动物"之后~

另一群人就开始了她们忧愁、欣喜、纠结、兴奋等各种情感错综交织的生涯……

饱经沧桑的
喂饭代表~

上苍啊，怎样才能更好更快地喂完一顿饭呢？

高兴时，他们是小天使~

哭闹任性时，他们是小恶魔~

吃饭时，他们是大爷！

饭到底好了没有？
再不端来大爷我
就饿过了哈！

宝贝吃得好，妈咪神清气爽，心情大好~

吃得不好，妈咪备感挫败，有点郁闷……

为了让宝贝好好吃饭，可谓使出浑身解数~

赐予我力量吧，我是喂饭专员！！

方法一：营养诱惑法

这营养可好啦,吃了之后长得又高又壮力气大!

猪饲料贩卖员

方法二：鼓励赞赏法

哇!好棒哦!

小样儿,不就是吃个饭吗,都成本事了!

方法三：亲自示范法

看妈妈的嘴巴大不大,啊呜~

究竟谁吃肥了?

方法五：听之任之法

只要开口吃就行，老娘也管不了那么多了！

方法六：鬼脸小丑法

妈妈给你做个鬼脸好不好？

儿啊，为娘只是想好好喂点饭而已，何苦逼人至此？

方法七：循循善诱法

吃饭的时候就要好好去吃，享受食物，心无旁骛，用心咀嚼吃下每一口食物，这就是食禅。食物是上天对人类珍贵的恩赐，每一口都需认真品味……

→ 桌上纸条

唐妹妹：
悟空先行
睡去了……

方法八：饥饿逼迫法

不吃，饿你个臭小子！

你小子也有今天……

饿死了，给点吃的吧，求求你了……

伟岸

在以上各法都不奏效的时候，在某个烦躁的时刻，喂饭专员内心的魔鬼悄悄溜了出来……

说，到底吃不吃，臭小子！

作为一名妈咪 我也有我的美好想象。
以下部分,请当做童话来看~

美好想象一: 有这样一个喂饭
神器叫做超级漏斗。小子只要
抱起它,饭食哗啦哗啦全部直
接下肚~

美好想象二: 有位神人发明了一种东西,叫做"小
猪胶囊",吃下去之后立马变身小猪开始大吃特吃。
吃完之后再吃一颗"复位胶囊",恢复宝宝原形~

小猪胶囊

Come on baby!
吃糖豆啦!

宝贝每日饮食参考

（此食谱建议给15个月以上宝宝酌情添加）

周＼餐	早餐	午餐	晚餐
一	苹果胡萝卜汁,水果,炖蛋,早餐米粉	西红柿炒蛋,米饭,酸奶沙拉（番茄苹果等）,菠菜泥	红豆糯米小米粥,白灼芦笋
二	酸奶沙拉（香蕉丁）,红枣苹果泥,早餐米粉	大白菜木耳肉丸炖饭,番茄苹果泥	小白菜瘦肉粥,鸡肝泥
三	酸奶沙拉（苹果香蕉丁）,杂粮红枣糊	猪血豆腐青菜糊,番茄桃子泥	桂圆红枣粥

周＼餐	早餐	午餐	晚餐
四	酸奶沙拉（火龙果香蕉番茄）,早餐米粉	猪肝青菜鸡蛋面条,苹果番茄泥	鸡蛋水果饼,燕麦粥
五	胡萝卜苹果桃子汁,杂粮花生红枣糊	山药木耳排骨汤饭,菠菜泥	番茄炒蛋,胡萝卜山药粥
六	酸奶,梨子苹果番茄泥,肉松蛋羹	香菇木耳虾仁青菜饭,清蒸鳕鱼	鸡丝木耳面
七	酸奶沙拉（苹果香蕉草莓）,小面包	虾皮冬瓜鸡蛋青菜饭,清蒸鱼丸	猪肉青菜馄饨

亲吻在便便的孩子

居然情不自禁亲了亲正在便便的臭小子——名副其实的臭小子啊……自从做了妈妈，自己身上发生了太多太多的第一次，不过，第一次吻正在便便的孩子，还是值得记录一下的，况且这也是唯一的一次。现在的宝贝，已经独自坐着爸爸给买的小坐便器便便了，我想，妈妈这一吻，应该是永恒唯一之吻啦~

你吻过正在便便的"孩纸"吗?

同床共眠的日子

据说漫长一生中能在妈妈身边无邪酣睡的时光实在短暂，就让我再恣意一些吧……

妈妈心声："自从做了奶牛，自从开始了和宝贝同床共眠的日子，就开始了不时在床角蜗居眼巴巴看着小子四仰八叉独占大床的苦难时光……"

悠宝："自从上了大床，自从开始躺在妈咪身边甜睡，就开始了随意翻滚任意劈叉的幸福时光……"

睡前疯综合征小朋友

这天中午，种种迹象表明，小家伙困了，想睡觉了。好吧，喝奶，抱床上，准备睡吧……

可是一到床上，小子就好像打了鸡血吃了兴奋剂，突然又精神了！

不睡，不睡！

你到底睡不睡？

不睡拉倒，老娘
要先去歇歇了……

想睡？没门儿！

小娃儿虐娘十八式即将开演！！

挤胸式翻滚~

啊！！！

饱经虐待又困倦的娘很想发明一种硅胶防骚扰保护罩，可以安睡其中又免受骚扰~

A.透气孔，

B.有一定厚度，可抗暴力骚扰

C.内置拉链可随时钻出

娘，你搞得太隆重了！我还能骚扰你多久，我还能骚扰你多久？！！

被臭小子当马骑时，又困又累的妈咪突然冒出了一个邪恶的念头~

如果我是超级大力士，挺肚一弹，将小子弹飞——

小子被弹飞至天花板

然后撞晕

落到小床上直接进入睡眠状态~

小样，整晕你，让你再骚扰老娘！

臆想症妈咪，请回到残酷的现实中吧，面前只有宝贝那张流着口水嘿嘿逼近的邪恶小脸儿……

真心希望这个世界上有这样一种神器，叫做催眠糖果或是催眠CD，小家伙们只要吃一块糖或是听到CD乐曲就可以立刻进入睡眠，该多么美妙！

催眠糖果

催眠CD

伟大的发明家科学家们，
请为妈妈们做做贡献吧！

打喷嚏

这天，正抱着宝贝，一个大喷嚏突然袭来，不小心就打了出来。怀里的小家伙吓得哆嗦了一下，妈妈感到非常歉疚，下次一定忍住！我想，宝贝一定在想：小婴儿躺在会突然打大喷嚏的大人怀里，超级可怕的有木有！！

甜蜜的负担

宝贝开始黏妈妈了。有时想自己做点事从他身边走过时得快闪。不然那渴望又可怜巴巴的水汪汪的小眼神准能把你给黏住，再扯到他身边去……甜蜜的负担啊……

这是我爷爷和
我妈妈，你
懂不懂？

抱抱~

霸道的小哥哥

带宝贝去医院做检查，他大声咿呀着谁也不懂的婴语。等待过程中对坐在我们旁边的阿姨和爷爷很感兴趣，主动伸开双臂意欲投怀送抱，被旁边吃醋的小哥哥严厉制止啦。我想，将来的悠宝一定是个热情的小伙子，活泼的个性已初见端倪。

小哥哥，咱们
交换一下吧？
我的也好吃。

嘿，没门儿！

交换饼干

宝贝慢慢懂得了"交换"的含义。这天出门，宝贝看到一位小哥哥在吃跟他不一样的饼干，拿自己的动物饼干想要去交换，可惜人家不领情啊，被无情拒绝啦。

宝爸育儿记

宝贝刚满一岁的时候，奶奶要回家一段时间，姥姥也只能白天过来帮忙，于是，宝爸正式加入到育儿的队伍中来了。

早上，夜里频繁起来喂娃儿的宝妈在补觉。

补觉时间：
大约6:00~8:00

🕐 6:00~8:00　　宝贝和宝爸的二人时光

有时，在家吃早餐。

宝爸爱心早餐：

蛋
羹

水
果
番
茄
泥

米
粉

有时，跟老爸出去吃早点。

不吃不吃不吃！

一个大男人的，带着个娃儿可真不容易，小伙儿瞅着还不错，要不我把俺隔壁二丫介绍给他？

远处，早点摊大婶同情的目光……

小伙子，我说你年纪轻轻的怎么一个人带孩子啊，孩儿他娘这是？

她在睡觉呢，大婶儿！

啥？八点了还在睡让你自己带孩子？切，懒的嘛……

呃……老婆，你要有危机感了……

我给你说啊，我隔壁那个二丫姑娘，手脚可勤快了，人又长得结实，一个人带四五个娃儿都没问题……

据宝爸口述，
在外吃早饭期间还发生了这样一件事。
宝爸正在付早点钱，
突然听到有人在惊呼，
回头一望，
原来是小子坐在小车上撒尿了，
差点就尿到了人家的小矮桌上啦~

免费热饮直供

呃，俺没点童子尿啊！

早饭过后，通常会跟老爸逛逛菜场。

买好菜，跟爸爸在小区里玩耍。

夏日的傍晚，饭后，一家人出去散步。奶奶回家后，第一次三个人出门，第一次感受小家庭的氛围。有了宝贝，更像一个完整的小家了。

有时候会恍惚有种错觉，这个小孩是从哪里突然冒出来的呢，原先不就我们俩的嘛，怎么一下子就做了爹妈，就多了个小娃儿呢……

散步后，洗澡时间。宝爸一边给小子洗澡，一边唱着自己发明的洗澡歌~

搓坑坑搓坑坑搓坑坑……

注：坑（第四声），南方用语，就是身上搓下来的脏东西~

洗完澡，宝爸给宝贝读故事。

居然嗲声嗲气用娃娃音读！！

秋秋找妈妈，秋秋是一只小小鸟，过着孤单的生活……

沉浸其中~

说实话，听一个大男人这样讲话还真是有些受不了，肉麻指数相当高~

秋秋找妈妈
Keiko Kasza

记住哦，宝贝，这是你老爸认真地嗲声嗲气地给你读的第一本绘本，非常有纪念意义！我想，下次他该给你读读《小熊和最好的爸爸》之类的吧……

周末，宝贝跟老爸爷俩儿单独外出。

哇噻，我的专职司机耶~

趁机重温单身时光~

新棒球帽

跟老爸回来时，宝贝已经睡着了，全身上下一身新装。

新T恤

新短裤

新鞋子

全裸出镜

时值盛夏，宝爸买了个充气泳池跟宝贝戏水，
于是，相机里就留下了几张珍贵的父子戏水照~

除了以上勤勉行为之外，宝爸带娃儿期
间还发生了如下不靠谱事件……

不靠谱事件之一：谁锻炼

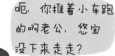

这样啊……

呃……老大，让你带他出去一定要让他下来走走的啦，臭小子在学走路呢。

晨起意气风发之早锻男士

早锻辅助工具

婴儿车观光客

不靠谱事件之二：人体手绘

这就是 宝爸专属育儿事件系列。
无论工作有多么忙碌都从来没有任何抱怨的
勤奋正直大度善良智慧……（此处省略若干
形容词）的宝爸，为我们这个小家默默付出
着。虽然从未亲身经历怀孕生产哺乳的过程
（自身客观条件限制^_^），但是却是宝妈的
精神支柱和强大后盾，也全心全意地关爱着宝
贝的成长。
我想，宝贝以后一定不记得，爸爸也很忙，没
时间记录，所以，让我用画笔给你们记录
下来吧，属于你们——父子二人的幸福时光~

♥ 人生路上，感谢有你陪伴左右 ♥

纸尿裤透视图

半夜，水喝多了，要起来去WC，
缩在暖和的被窝里舍不得爬出来。
看着在一边酣睡的小朋友，
突然间有些羡慕，
穿着纸尿裤，不用爬起来嘘嘘，
那种想尿就尿的畅快，
多么酣畅淋漓的人生呀……

百变妈咪

做了妈妈之后才发现，女人在不同时刻会呈现完全不同的状态……

母子合照记

每个妈咪都爱跟自己的宝贝合照，但是，我想说——跟萌宝合照有时是件很伤自尊的事~

PK第一局：

久经人世历练的妈咪肌肤~

吹弹可破的婴儿肌肤~

完★败

PK第二局：

矫揉造作摆造型的妈咪~

完全自然状态的天真宝贝~

完★败

PK第三局：

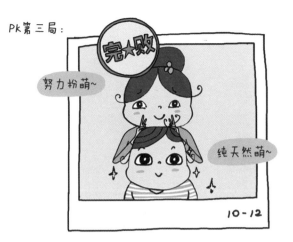

当然，也不是完全没办法合照的……

宝贝便便记

大约在宝贝七个多月时，我们发现了宝贝大便的秘密：

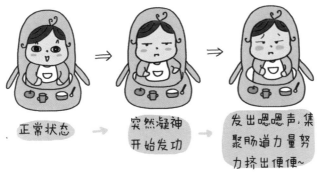

正常状态 → 突然凝神开始发功 → 发出嗯嗯声，集聚肠道力量努力挤出便便~

只要发现宝贝发出嗯嗯的信号，我们立马把他抱起来，在垃圾桶或是便盆上把便便~

再后来，宝爸买了一个可以放在抽水马桶上的小马桶坐垫，宝贝一发信号，我们立马抱着他往卫生间冲。宝贝从此开始了自己坐在马桶上便便的生涯~

小一圈的坐垫，宝贝便便后可直接冲掉，很方便。

作为一个小孩子，几乎是没有任何隐私可言的，对此，我感到非常悲哀……

别感慨了，赶紧大便吧，老娘还等着给你擦屁股呢！

悠宝如厕图

来，宝贝儿，大口吃——

这天，一直承担喂饭职责的奶奶不在家，妈妈负责喂宝贝午餐。

宝贝每吃进去一口，妈妈都超有成就感。

妈咪在坏笑啥呀？

把一只小猪喂肥是不是就是这种心情？嘿嘿！

喂饭喂得情绪高亢，斗志昂扬

正在进食，突然凝神！

不好，有情况！！

果断抱起，冲向厕所！

若干年后，摘自《悠宝回忆录》之屈辱史

就这样，我吃下了人生中第一口在马桶上咽下的午餐。从那时起，我就在心底暗暗发誓：要将全世界小朋友联合起来，与邪恶的妈咪们抗争到底！！

21世纪20年代畅销书榜首

本书又名《与邪恶妈咪对抗日记》

一个纯洁小朋友的血泪成长史

您想知道，一个饥饿的小孩如何在马桶上吞食午餐？

一个萌翻了的小正太被邪恶妈咪罚蹲马桶进食的样子？

已畅销十五亿本，全国人手一册，《悠宝回忆录》，今天你拥有了没有？

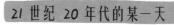

21 世纪 20 年代的某一天

这就是你为了赚零花钱给出版社写的书稿和宣传词？？

我闪——

为了卖书把老娘形象彻底抹黑！！

回忆录

给老娘站住！！！

各位粉丝敬请期待，本尊下本书预告：邪恶妈咪系列之《被鸡毛掸子疯狂追逐的日子》……

宝贝听歌记

不到一岁 →

从小一直给悠宝听儿歌，磁带，CD或是电脑里下载的，后来开始给他放电脑里的动画儿歌。那时小朋友还没有选择权，妈妈给放啥就听啥，照单全收。

一岁多 →

长大一点之后，开始有了主动权，遇到不喜欢听的歌就开始叽里咕噜表示要换歌。

哪首呀？

后来，看妈妈一直用鼠标点击桌面图标来选歌，也装模作样用手指指点点地表示要自己点歌。

这首不是你最不喜欢听的那首《小白兔乖乖》吗？不识字硬装啥文化人，切……

又怎么啦？

妈妈，妈妈——

《世上只有妈妈好》

这么好听的歌你也要换?

臭小子居然不喜欢听《世上只有妈妈好》，一听到这歌的旋律就强烈要求换歌。

多么动听，多么美妙，多么有内涵的一首歌……

换啥换? 我跟你说，这首是所有儿歌里最好听的一首，给我好好欣赏，再要求换小心妈咪敲你!

为了提升你的品位，妈咪特意为你准备了一份必修歌单，好好欣赏吧宝贝儿！

乖宝·必修歌曲，不得中途换歌！

播放目录：
《我的好妈妈》
《妈妈的吻》
《听妈妈的话》
《妈妈是一本书》
《最美的歌儿唱给妈妈》
……

我的好妈妈……

母子瑜伽

自从有了小孩，再做瑜伽时就变成了这样子……

我骑~

驾驾！

我抱~

我推~

拒绝萌娃儿

小朋友已经吃过一点巧克力了，并且妈妈告知要第二天才可以继续吃。可是他还是很想再吃一点。

妈妈，只吃一点点，一点点……

萌娃儿秘密武器发射中

看着他那萌萌的小可怜样儿，心都要化了……

不忍
纠结
心软
……

可是，又立志做一个有规矩的妈妈.

面对可爱的小萌娃儿做出这个决定绝对需要勇气的支撑!

小萌娃儿失望的表情令人不忍直视~

不可以哦宝贝，刚才妈妈就已经跟你讲过了，而且巧克力多吃不好的……

宝贝，关于妈妈这个残忍决定背后的勇气和失落感，你永远不会懂……

第二章

亲亲我的宝贝

好爱你

妈妈——

宝贝儿!

有时候看宝贝儿，越看越喜欢，越看越可爱，怎么会有这么可爱的小生物存在在这个世界上呢?!

Mua——亲亲~

好可爱，我的小宝贝儿，好爱你哦!!

使劲抱住

拼命揉搓~

你说你怎么那么可爱呢，我的小甜心，妈咪超爱你!!

麻烦有谁能帮我把这个黏人的妈咪拉走好吗?

只差那么一点点，小宝就有可能成为吃shi的孩子，
那些边遛娃儿边看手机的妈咪们，请以此为戒吧……

妈妈，史上最强狗仔队

世界上，有一支最强的"狗仔队"，她的名字叫做——妈妈．

她几乎无孔不入地记录着我的生活．

从我刚出生没两天起，就开始了她的这项伟大的工作．

她不是那么有天分，但却相当勤奋．

她几乎无处不在，

澡盆边、马桶旁、大床上、餐桌上都曾留下她抓拍的身影。

虽然她非专业人士，但是摆起pose来比专业人士还要足~

我总是冷不丁就发现她正在朝我举起镜头，那种明星时刻被追拍的感觉，俺早已经习惯了。

自拍

有时，我也会配合妈妈一起在镜头前做做秀~

不拍啦不拍啦！

耍大牌

偶尔也会不耐烦。

有时我也会感慨，我的生活对于妈咪而言就是一场真人秀嘛，完全没有隐私可言。可是妈咪说，小娃娃就是这样啊，当我开始有隐私的那天，就是我长大的那天，她希望这一天晚点到来。

慢点长吧，亲爱的小不点儿~

就这样，在妈妈"狗仔队"见缝插针地追踪记录下，
我留下了人生中许多珍贵的影像。

马桶嗯嗯图

狮口哈欠图

抠鼻屎

浴后全裸图

涕泪交加图

满脸残渣图

啃丫图

酣睡图

傻乐图

惊诧图

和好基友深情凝望

被麻辣少女夺去的初吻

这种照片也拍?
老妈，你也太没有节操了吧!

父子二人温馨擦屁屁图

还有，她很注重细节……

小婴儿时期耳朵上有很多胎毛~

屁股上方的青色胎记~

我想，那些所谓的疯狂追星族和狗仔队跟我妈比起来简直就是弱爆了，因为，她连这些也不放过……

尿迹好有想象力哦，太可爱啦，必须记录!

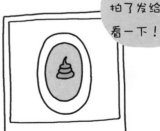

便便很正常，拍了发给爸爸看一下!

我很感激亲爱的老妈为我拍下的这些珍贵的成长记录，

可是，我也担心将来有一天……

哦，没事，我只是有点想念我的妈妈了……

不要忧伤啦，也许老娘那时还健在呢~

其实，
如果能够一直帮他拍到变成老老头儿也是件很幸福的事啊……

儿子孙子曾孙儿们看这边！

九旬老太太

新的奋斗目标。

对不？

妈妈的连裤袜

妈，我是男人啊！

为了维护本人的阳刚形象，此事绝不可被小区的瑶瑶、朵朵、琦琦等小女娃儿们知道！！

十六个月的小伙子

这一天，臭小子又尿裤子了。仅有的四套棉毛衫有两套洗了还没干，余下的两条今天都被尿湿了，新购的两套还没寄到家。怎么办？怎么办？宝妈急中生智，把自己秋天的彩色连裤袜拿出来给宝贝救急，貌似穿上之后还很健美哪~

一个人的演唱会

宝妈2013老情歌专场演唱会

给宝贝喂饭时，为了哄他偶尔会唱唱老歌，有时唱着唱着会上瘾，于是一不小心，办了次只有一名粉丝的个唱会……

亲爱的，你慢慢飞……

陶醉

三俗歌曲荼毒下一代

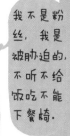

我不是粉丝，我是被胁迫的，不听不给饭吃不能下餐椅。

在沙发上睡着的宝贝

Oneday……

妈妈在画画，姥姥在做饭，谁也没在意，独自一个人坐在沙发上吃着粽子，听着儿歌的小家伙已经悄悄睡着了。有时候忙起来没法兼顾到宝贝，心里有点愧疚。很想对宝贝说声：sorry，醒来了妈妈陪你好好玩！

这天，我娘喊我吃饭，把我抱上餐椅后，很豪爽地把餐椅上的小桌往里面使劲一推，哎呀，俺顿时感觉很不对劲！怎么有点疼呢！我忙呼："弟弟疼，弟弟疼！"我娘一惊，赶紧把小桌拉了出来……我想说，娘，作为一名女同志，您还能再细心一点不？
——摘自某宝夹杂着血泪的日记

弟弟疼，
弟弟疼……

"小弟弟"
被夹住了

奶牛退休

偶尔，还会回忆起做奶牛的那些时光。臭小子呢，是不是都忘记了？被镜子砸了一下头都记了很久，做了那么久的奶娃儿为什么断奶后就真的没再要求过吃奶？好像真的什么都忘记了。喂奶，吃奶，都好像梦一场……

还能萌多久

想着小家伙"一字头"的日子即将过完，就要升级为"二字头"娃娃，居然有点舍不得。他长大了，更懂事了，会讲更多的话，有更丰富狡黠的表情，会使点小心眼，开始有了小大人的雏形，却又突然开始留恋他那些摇摇晃晃不谙世事的超懵懂时光。做妈妈的都是这种矛盾的心情吧。这么小小的萌萌的样子，还能持续多久呢……

臭小子，不知道还可以萌多久啊，哎……

帮 忙

待妈妈刚刚在马桶上坐下后，悠宝居然跑过来帮助
妈妈一起使劲儿，就像我平时帮助他使劲儿一样~

这是你长这么大第一次主动帮妈妈吧，虽然用处不大，但是真的
又好笑又可爱，让妈咪记忆深刻，这种不畏臭气勇于助威的精神
也很值得称赞哪，必须记录！

生日礼物

啊苍天哪——我永生难忘的一天哪！！

用得着那么夸张吗？

回忆那天，你娘我撕心裂肺咬牙切齿地疼了一天一夜。那滋味儿太难熬了！人世间最难以忍受的疼痛你知道吗？

哎，作为一个男人，你是永远没机会了解到了。

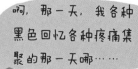

挂 彩

某日，外出。

脸上被抓痕迹

两口子
打架了……

脸都抓
花了！

脸上被抓痕迹

老太太也
加入了？

家庭群
体斗殴
事件啊！

嘿嘿嘿~

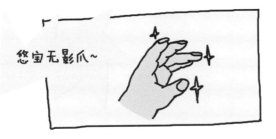

突然的伤感

我有很多个妈妈，

我有很多个宝宝

温柔的妈妈

严厉的妈妈

在我的心里，有很多个妈妈。

耐心的妈妈

急躁的妈妈

乖巧的宝宝

不听话的宝宝

在我的心里，有很多个宝宝。

懂事的宝宝

任性的宝宝

我最喜欢那个
温柔的妈妈……

我理想中的妈妈是这样的：

做错了事从
来都不批评，
非常非常的
温柔。

完全没关
系啦宝贝！

我想要买什
么就会给我
买什么，从
来都不会拒
绝。

永远都是笑脸，
从来没见过她
发脾气，从来
没见过她有一
点不耐烦。

我最喜欢那个
乖巧的宝宝……

我理想中的宝宝是这样的：

极少极少犯错，
非常乖巧懂事。

不会有任性的无
理要求，能够理
解妈妈。

永远都是一副可
爱讨人喜欢的小
甜心模样。

五星宝宝.

不过,

这不是理想,

只是妄想而已嘛——

也许，真的有那种妈妈，

不过，

那一定是一个外星来的妈妈……

也许，真的有那种宝宝，

不过，

那一定是个程序设定好的机器人宝宝……

虽然，她有时有些严厉又没耐心……

 虽然，他不听话的时候确实很让人伤神……

噗！

可是……

我还是最爱她。

她也最爱我。

AND……

宝贝，妈妈会努力，试着做个更温柔更有耐心的妈咪！

妈妈，我也会慢慢长大，变得更加懂事，做个更听话更让你放心的宝宝！

执手相望苦脸

执手相望苦脸
只因便便堵塞

每个娃儿都偶尔有那么些个便便堵塞的时候，有了妈妈的鼓励，小宝直肠蠕动明显动力更足，老妈功不可没！

坐在马桶上费力挤便便的小模样，妈妈是不会忘记啦。拉着你的手，轻声对你说，加油，宝贝。很多年后，你应该记不得这些细节了吧，可是，妈妈会一直记得，坐在马桶上小小的你和咱俩手拉手对望时愁眉对苦脸的样子。Love you, baby!

妈妈抱

跟妈妈出去遛弯儿，走啊走啊，不愿意走了，会找借口说"妈妈，脚疼"，要妈妈抱抱。好吧，抱就抱吧，在妈妈弯腰准备抱他的那一刹那，小子又冒出了一句"累死了……"好吧，你比为娘的还要累……

妈妈抱……

累死了……

两岁左右的时候，宝贝经常对夜晚天空中出现的月亮表现出浓厚的兴趣，可以静静地站在那儿看好一阵子。这天，他看到窗外的月亮，让妈妈给他"摘下来"，并且强调说自己"不摔碎"。在孩子的眼中，月亮也美好得像一个真实的童话吧。

看月亮

看，月亮！

穿妈妈的拖鞋

我是小大人…

所有两岁左右的孩子都喜欢穿大人的鞋子吧？小小的脚丫塞进大大的鞋子里，开心地四处晃荡。宝贝，你是在体验做大人的感觉吗？这是你渴望成长的第一步吗？

113

偷吻

起来了，到懒虫妈妈的被窝里玩会儿吧，嘿嘿！

亲一下大懒虫妈妈！

关于育儿神器
的美好想象

经历过的妈妈都知道，带宝宝绝对是一桩相当劳心劳力的伟大事业，尤其是一岁半以内的宝宝。

因此，在宝贝还是个刚出生没多久的小婴儿时，我就开始了对各种辅助育儿神器的无限向往。

在某些超级劳累的时刻，我就会在脑海中幻想如果有这样或那样一个神器在手，我的育儿道路该是多么顺畅……
接下来，请看臆想旅程~

神器，我需要你！！

第一个入选的神器是——神奇按钮~

被初生婴儿弄得身心疲惫的妈妈很想在小宝身上安装三个按钮,分别掌管吃饭、睡觉、拉粑粑,到点只要轻轻一按即可~

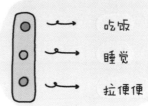

妈咪,我很想知道,它的工作原理是什么?

多了三个咪咪?

一天都忘了按便便钮,宝的爷一肚子都是屎!!

我是电动玩具吗?太没尊严了!

Baby,可以拉便便了哦~

怨念……

哄睡神器之一———超级催眠CD~

有这么一种
CD, 经它播
放出来的乐
曲小朋友一
听准立马入
睡~

哄睡神器之二———催眠糖果~

还有这么一
种糖果, 吃
一颗立刻就
乖乖入睡~

催眠糖果

喂饭神器之一——超级漏斗~

小子只要抱起超级漏斗，妈妈喂的饭食就咔啦华啦全部直接下肚~

喂饭神器之二——小猪胶囊~

有位神人发明了一种东西，叫做小猪胶囊。宝宝吃下去之后立马变身小猪开始大吃特吃。吃完之后再吃一颗复位胶囊恢复宝宝原形~

Baby，吃糖豆啦！

我是二师兄？

听话神器之——宝宝紧箍咒~

悠小宝，妈妈再说最后一遍，请你不要再撕书了！

小朋友们都有任性不听话哭闹的时候，让妈妈们很是头疼。伟大的宝宝紧箍咒就是因此发明的，给小家伙们戴上，必要时刻就可以念念咒语什么的……

紧箍咒在此！

不能再吃糖，阿弥陀佛，不能再去游乐场，阿弥陀佛，不能再天天出去玩，阿弥陀佛，不能……

外出育儿神器之——全能机器人～

带宝宝外出是件相当耗神耗力的事，所以，全能机器人就在妈妈的美好幻想中诞生啦！

此机器人功能相当广泛，具体包括抱宝宝，拿包，储物，冷藏，保温，播动画，放音乐，讲故事，变座椅，变躺椅，能跑能跳，能说会道等。

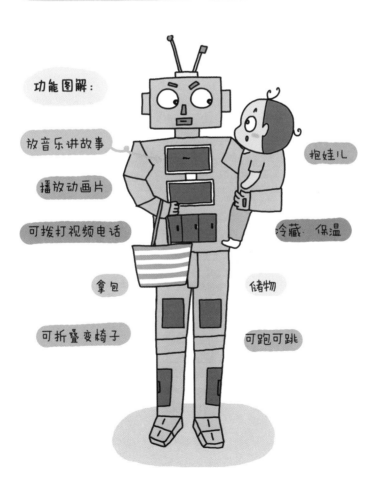

功能图解：

放音乐讲故事

播放动画片

可拨打视频电话

拿包

可折叠变椅子

抱娃儿

冷藏　保温

储物

可跑可跳

他最好还可以变身直升机，载我们去任何想去的地方……

妈，你需要的不是机器人，是变形金刚嘛……

不过呢，宝贝，在机器人诞生之前，有一个人还是可以胜任他的不少功能的！

他就是——你老爸！！

宝爸：虽不具备冷藏保温等功能，但是外出可拎包，可抱娃儿，可当司机，可做保镖，可安排饮食玩耍等~

爸爸，我悄悄告诉你哦，你可比我妈说的那个机器人叔叔差远啦！

不过，那永远是你妈妈臆想出来的，老爸才是实实在在的存在噢！

最重要的是，机器人叔叔永远不可能像爸爸这样爱你……

PS：另有喂饭神器及哄睡神器详见P24、P39.

万一，万一这小子调皮要去摸水什的怎么办，我的天哪！！

儿啊，别怕，娘来救你啦！！

儿子，你说你妈是不是小心过度了？咱们在这多自在啊！

女人嘛总是容易那么紧张兮兮的~

我的儿啊！

据说有这么一个人，当他单独跟宝宝在一起的时候，会发生如下种种奇观……

他会抱着娃儿打网络游戏！

开战！！

老爸，我看好你哟！

PIA!

他会对宝宝发挥各种创意！

俺爹说我是方圆百里最有型的娃儿！

禁

他会给宝宝买大量「违禁食品」！

糖少买，对宝宝不好的啦！

老婆，逛超市给宝宝买东西呢，顺便给他买点他喜欢的棒棒糖饼干什么的！

布丁

饼干

巧克力

他什么都取给宝宝尝！

儿子，来口冰啤，改善下伙食！

他会编恐怖的睡前故事！

从前有只小猪，该睡午觉了还在爸爸肚子上骑大马，后来爸爸就把他放到屋外面，被守在那里的大灰狼啊呜一口吃掉了！小猪好可怜！

他跟娃儿睡做一团

并且不盖被子！

明目张胆的小情人

夜晚，睡前时光，

小情人和妈妈在那里亲亲热热地讲着小情话，

甜甜腻腻地亲亲和拥抱，

那位躺在旁边孤寂的"正宫"，

你在想什么呢？

第三章

小不点慢慢长

奔三小娃儿的压力

一转眼，小家伙就从一个小婴儿成长为一名幼童。小的时候出去遇到的大多是哥哥姐姐，现在出去，一大群小娃娃雨后春笋般冒了出来，小家伙也常常被称为哥哥了。最初的时候，妈妈还有点小失落，我们以前也是婴儿嘛，怎么那么快就跻身"大哥"行列了……后来慢慢也就这样适应了，就像面对他的成长一样。不过不知道小家伙自己内心有什么想法呢？

奔三小娃表示压力很大……

哎，我老了……

来了个年龄大的嘛!

大龄男童?

两岁零十天

一岁两个月

欧巴

十一个月

一岁七个月

抖一抖

宝贝，尿完了抖一抖！

抖一抖……

从『辣妈』到『残花』

辣妈 ➡️ 残花

这天，闺蜜相约一起带宝宝出来逛街happy~

好呀！就这么说定了！

亲爱的，明天带宝宝一起出来玩吧？逛逛街聊聊天吃吃饭~

出发前，当然要描眉画眼打扮一下咯~

嘟滴个嘟滴个嘟~

心情大好~

妆后，自持为bling bling~闪耀辣妈一枚！

小样，臭美啥~

答案当然是：NO!

In fact，这是一场状况

频发的母子之行……

状况一：小宝飞毛腿

妈妈正在开心

看衣服，一秒

钟不见，悠宝

已经撒欢跑了

好远……

站住，宝贝，

快回来……

状况三：碰了不该碰的东西

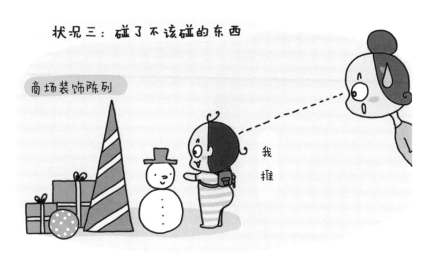

商场装饰陈列

我推

妈顶住压力收拾中～

火速冲向洗手间

给老娘憋住
哈，臭小子！

时髦单身女生好奇观望~

没想到厕所要排队，只好在地上铺了湿巾给小子就地解决~

曾经，我
也是无娃
无牵挂的
自在一族~

今天要拍下那套护
肤品，晚上跟老公
去吃个浪漫晚餐，
周末自驾出去玩一
圈儿，NICE!

做了
妈妈
之后~

宝贝还有什么需要
买的呢？晚饭给他
吃什么比较营养呢？
周末带他去哪里玩
玩呢？

虽然比起没有宝宝
时自由自在的二人
世界忙碌了许多，
也失去了很多个人
空间，但是为了宝
宝的健康成长，一
切都值啦！

做了妈妈之后，居然毫不吝惜地为宝贝牺牲了那么多……

这么一想，我还真是伟大呢！

而且，只要宝宝再大一点，我又可以有更多自己的空间了！

我的春天又要到来啦，哈哈哈……

老妈一个人傻乐啥呀？该擦屁股啦！！

陶醉畅想中

终于，小子放电放得差不多了，可以安心逛逛耶嘿嘿啦~

妈妈……

BUT……

状况五：想要抱抱

真的很想一脚把你踢回家里去啊，臭小子！

脚疼，妈妈抱抱！

而且，抱抱是对小朋友而言是会传染的……

到了餐厅，妈妈们要挑宝宝们爱吃的口味清淡的菜，
还要先给小朋友们挑一挑冷一冷涮一涮……

吃饱喝足玩够了的娃儿们终于呼呼了，
妈妈们终于可以安心吃个午餐啦……

背着熟睡的小娃儿们，踏上回家的征程……

这就是从bling bling "辣妈" 到满面
残妆之 "残花" 的整个 "蜕变" 过程。

辣妈

残花

床上是酣睡的小宝，镜前是妆已经花掉的无奈妈咪……

不过，如果你要问下次还敢带小娃出去遛街吗？

答案是：Yes, of course！！

看到小朋友们活蹦乱跳开心的样子，妈妈心里也很甜哪，

所以，好了伤疤忘了疼是所有妈咪的通病吧！

And, 妈咪还准备了带宝逛街保存体力的秘密武器哦……

秘密武器特训中

Baby, 妈咪为了你而强壮!!

SPORT

我想跟你玩儿

远处有几个
四五岁的小
女孩~

看，那边有几个小姐姐！

这天，带小家
伙出来玩~

两
岁

我去找姐姐了！

喜欢跟大孩子
扎堆凑热闹的
悠小宝~

那么小就开始泡妞了，老娘我居然还有点吃醋呢！去看看~

在聊什么呢？看起来很热络似的~

走近了，原来是……

小弟弟你快走吧，我们要开始做游戏了……

被驱逐

儿子，你魅力不行啊……

那么小的小屁孩，跟他玩什么啦！

姐姐，我真的很想跟你们一起玩……

得得，得得——

（哥哥）

送给所有想跟大孩子一起玩，
有时却难免被"嫌弃"的小不点儿们……

双面妈咪

她说……

零食是很好吃，但是对身体不好，吃食物要吃健康的对身体有益的……

可是她……

油炸食品

膨化食品

各种甜食

各种饮料

蛀牙四颗了还在背着我偷吃冰淇淋~

她说……

动画片看一集就可以了，不能老玩iPad，小朋友就要学会培养自己的自控能力……

可是她……

疯狂追剧，欲罢不能~

刷刷刷~

妈咪，夜深了你还不想睡，你还在刷着什么？

她说……

要准时起床
准时入睡,
培养规律的
作息, 良好
的生活习惯
……

可是她……

深夜兴致
勃勃网购
网游中~

通知
昨天晚睡,
补觉中,谁敢
打扰老娘试

不是说好早
起去动物园
的吗……

她说……

可是她……

她说……

要珍惜时间，好好学习，每天都要努力过得充实有意义……

可是她……

我的计划：
1. 英语口语听力精练
2. 每周至少看三本书
3. 每天运动时间安排
4. 提高工作效率
5. ……

她说上网查资料学习，然后她点开了新闻，又点开了微博，又点开了某电影视频网站，然后她就睡觉了……

她说……

我要买……

喜欢的东西有很多，不能什么都想要，要学会知足，知道吗？

可是她……

逛购物网站中

好漂亮，我都喜欢，都想要……

关于吃糖，关于看动画，关于起床，关于买玩具她都有话要讲，可是对自己，她什么也不说……

你们说，我的妈咪是不是一个双面妈咪呢？

妈咪，我有个问题想请教你~

说吧~

"严于律己宽以待人"是什么意思？

这个嘛，就是说小朋友要对自己严格要求，对其他人的作为可以宽容一些……

另外，监控显示，你今天是不是偷偷地抱怨妈咪了？这样子也是不对的，走，让妈咪去书房教育教育你……

小子，你以为小孩是那么好当的嘛，老妈也是好不容易才熬成大人的嘛，哼哼……

Help!Help!!

完美的便便

今天，悠小宝拉了一坨堪称完美的便便。

对称 ← 连塔顶的尖尖都是垂直的！

其他的便便见到了应该气羡慕吧~

身材好标准啊！

便便里的美男啊！

我来看看像什么……

像大山！

每次大便后都要看看像什么的小孩~

虽然最后的最后，

它的归宿 依然是

可是，

我也曾经存在过，

我曾经是一坨接近完美的便便，

我曾经给看到过我的人带来想象和惊诧，

我也有着只属于我自己的颜色和味道，

不是吗?

......

再见，觉得我像山的那个小男孩。

别忘了，

虽然我有点臭，

可我也曾经是你身体的一部分哦。

我们还曾经紧紧相偎过哪～

再见，

短暂的光明。

再见，

这个新鲜的世界。

再见，

所有的一切～

我是一坨便便，

我一闪而过……

不曾注意到我……

也许你们根本

我爱你们。

再见，

小小孩,

总是迫不及待地宣布自己是大孩子,

自己长大了,

好像长大这件事对他们来说意义非凡,

他们又跨越上了历史的新台阶,

拥有更多的权利和空间。

只有已经真正长大的"大人"才会酸溜溜地回忆自己

再也无法回去的童年时光……

回不去啦

再也回不去啦……

拍裸照

午睡，妈妈给穿纸尿裤，小家伙很调皮，使劲用脚乱拍打~

→ 腿力很大

再不乖的话妈妈给你拍裸照了哦！

邪恶妈咪~

裸照？什么东东？

本年度最勇敢宣言

我要拍裸照！
我要拍裸照！

那啥，无知者无畏啊……

父子俩的周末

这个周末，妈妈在姥姥家赶画稿，
爸爸和宝贝度过了一个只属于他们俩的周末。

爸爸，我们
去哪儿呀？

当然要去好
玩的地方！

据悉，爸爸的行程是这么安排的……

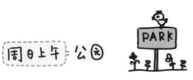

跟爸爸在公园游乐场玩了
开小车、打水枪、升降机……
回来后告诉妈妈坐升降机
时他害怕了。

周日下午

郊外绿地
放风筝
玩沙子

悠宝的
收获①
（物质收获）

睡袋 + 棉衣 + 小棉衫

鞋子 + 零食若干

悠宝的收获② 爸爸的生活记录几则
（精神收获）

 message

悠宝挺棒的，提醒我开车要双手握方向盘，在超市买东西，还知道把东西数一遍，看少了没有，边上的大爷都惊呆了。那个成熟认真样。

我还教他，要带好爸爸，爸爸在超市容易迷路。他就一直告诉我，爸爸走这边，走那边，一直拉着我。

我事先告诉他要买什么，买的时候让他记住，付钱后，再让他清点，他还装模作样，仔细看发票。这就是教育啊。

他还把一部分东西放在他小车底下的网兜里，放不下了，再放到座位上。

悠宝的收获③ 爸爸笨拙的小诗一首（精神收获）

一束阳光穿过车窗
停留在悠宝长长的睫毛上
轻轻的呼声 把我也催眠
天空的蓝色 清洗着我倦怠的眼睛

儿子，听说你把爸爸逼成了诗人……

"湿人"？爸爸尿裤子了吗？

悠宝的收获④ 爸爸的爱，无法衡量。（精神收获）

爸爸的收获① 甜蜜的吻

MUA——!!

爸爸的收获② 爱的告白

爸爸，我爱你!

我也爱你宝贝儿!

爸爸的收获③ 幸福，幸福，还是幸福

悠宝自述：跟爸爸单独在一起的感受是……

爸爸做事更有决断力。

爸爸不爱唠叨。

爸爸约束力少。

爸爸更有冒险精神.

爸爸力气超大！

爸爸喜欢跟我玩属于我们男人之间的游戏~

爷俩儿最大的共同感触是：没人说咱俩了！

击掌！

小孩不能喝碳酸饮料，
也最好不要吃巧克力！

开车不要打电话，
更不能回短信！

不过，
少了妈妈，
还是有一点点寂寞。

被虐惯了

Sometimes, 我们也很想念妈妈~

妈妈……

老婆……

困了想睡觉时，很想念妈妈温暖的怀抱~

想分享人生感悟，臭小子却无法听懂~

鉴于你们爷俩儿这个周末的销魂程度，以后还会继续安排你们单独相处的，放心吧！

爸爸带给孩子的是另一种感受，
另一个全新的视野，
所以妈妈们，
多多创造宝贝和爸爸单独在一起的机会吧！

叮嘱妈妈

嗯，放心吧，妈妈不会掉下去的，掉下去就会被水冲到小洞里找不到了对吧？

别掉下去了……

单独带宝贝坐火车外出，带他去车站洗手间，安全起见，妈妈用行李箱挡住门，让宝宝站在门口等。小家伙看着妈妈蹲在蹲位上，下面有个坑，大约感觉不是很安全，很认真地冒出一句："别掉下去了……"心里顿时甜甜的，这是在关心妈妈呢！两岁零十五天，开始主动叮嘱妈妈，内容是——别掉进茅坑里啦！

宝贝说：我是猪八戒！然后捡了花露水瓶子当做他的九齿钉耙杀将过来……自从不小心被他瞥到几眼西游记，二师兄已经成为他的第一任偶像。我心里说，八戒那么帅的话，一大优势就是泡妞无敌了嘛。

我是猪八戒

我是猪八戒！

好帅的二师兄

妈妈会记住的，你幼年的第一个偶像，第一个模仿秀对象，第一次说的"我是某某某"句式，他是——猪八戒。爱你，八戒！

182

勒脖大法

睡前必演神功之——勒脖大法~

抓紧妈妈，不会掉下来了！

有段时间，晚上睡觉前，当妈妈坐在床上用手机刷屏时，小朋友必然要上演勒脖大法，及时把妈妈从手机控状态中给勒清醒过来……

像爸爸一样

第一次自己主动站着嘘嘘，嘴里还说着"像爸爸一样"。嗯，宝贝，作为一个小小男子汉，以后向爸爸学习的地方还有很多很多，站着嘘嘘只是第一步吧~

像爸爸一样……

——爱你，我的小甜甜！你爱不爱妈妈？

——爱。

——要一直爱妈妈哦，好不好？

——好。

——你答应了，长大了也要一直爱妈妈，不能反悔哦。
　　知道了吗？

——知道了。

有位妈妈，

曾经像个小孩似的，

要求一个小孩记住关于爱的承诺……

妈妈的小情人

都说，宝宝是妈妈的小情人，为什么这样讲呢？

因为……

没事总忍不住想抱抱他，亲亲他。

一天十二个拥抱

十八个吻，必须的！

统计单

总喜欢跟他讲情话。

他拥有最多肉麻的昵称。

我的小甜甜！

妈妈的小肉蛋儿！

肉蛋
甜心
甜宝
小嗲嗲
肉丁宝
小能能
嗲蛋宝
……

小朋友们，你的最肉麻的昵称是什么？

美蛋儿，快来看妈妈给你买了什么……

见不到的时候会思念他。

Baby，妈妈好想
你，真希望你
能从手机相册
里面跳出来~

见到他和别的女生要好会有一点点吃醋。

我不！

小姐姐，
咱们一
起玩吧？

小样儿，
扭捏啥？！

总想尽可能给他最好的一切。

宝贝，只要妈妈背得动，都要把更好的带给你~

一路上有你，苦一点也愿意！

会害怕有一天他会不像现在这样爱自己，黏着自己。

这样抱着妈妈说"爱你"的时光，还有多久？

妈妈，我爱你！

可是，却也已经做好了放手和释然的准备。

爱他，就应该尊重他。

那些年，和小情人一起牵手走过的时光……

悠宝成长小相册

和狗狗的亲密接触

其实，我很调皮的！

大家好，我就是故事中的悠宝，小时候，我是一个小卷毛，所以才有了漫画中妈妈设计的形象~

这么快，我就长大了。时光太匆匆啊……

爸爸写给女儿的话

当初你母亲还在孕育你的时候，我无数次地想象着我可爱的小天使的样子，盼望着你的诞生。

当你母亲即将临盆时，我站在产房门前，一种就要成为父亲的欣喜之情油然而生。

当你呱呱坠地，哇的哭出人生第一声时，我情不自禁笑出了声，这是我人生中最发自肺腑最甜蜜的笑。你的出生就像一轮初升的红日，顷刻间照亮了我们家的每一个角落。你是我心中的太阳，时刻温暖着爸爸的心。自此以后，无论工作还是学习，一想到你我便浑身充满了热情、力量。每天都想早一点回家，第一件事就是亲亲你，抱抱你，哄哄你，然后询问你一天的状况。喜欢逛书店的我又多出一项任务，搜集各类育儿书籍。关于育儿的各种书籍买了一大摞，每日学习，记笔记不止。

我喜欢你的笑，怕你在夜里长时间的哭。终于，我发现了一个秘密，每次你哭的时候，一听到音乐声就停止哭闹，露出了微笑。为了博得你的微笑，一次我吹口琴吹了几个小时，口琴硬生生磨破了我的嘴角。偶尔出远门几天见不到你，一种强烈的思念之情让我坐卧不宁。有时你生病了，看到你难受的样子，我难受得比你还痛苦，真想把你的病转移到我的身上替你承受。

当你蹒跚学步突然会走的时刻，我高兴得竟跳了起来："我的女儿会走路了！"当你牙牙学语时，我便按照育儿书上的内容对你进行启蒙教育。当你认识了几十个字时，我便自豪地在熟人面前炫耀。不知不觉，你开始上小学了。应试教育弊端多，我每天晚上陪你做作业到深夜，为了让你早点休息，有时我甚至帮你做作业。第一次期中考试，你竟然考

了个双百，我们全家人欢欣雀跃。

那时，物质没有现在那么充裕，我们的经济条件也比较一般。不过，凡是你没有吃过的好东西，我都要买来给你吃，看你开心吃的样子，我的心里便充满了一种享受。我感觉不是你在吃，而是我在享受，享受那种带给女儿幸福的幸福感。我认为最好看的衣服要买给你穿，整天把你打扮得花枝招展。听说公园里又增添了新的娱乐项目，我要带你率先游玩。动物园里又有新动物了，我也要带你率先去看。

上中学了，寒风中看着你瘦小的身躯骑在自行车上，心里疼得我直想掉泪。你凭借自己的努力考上理想中的大学，我激动得彻夜难眠。不远千里，全家人开车送你去上学。在大学里，既担心你钱不够花委屈了自己，又怕你学会奢侈。总热情地盼望寒暑假的到来，你放寒暑假的那天是我最快乐的日子。听说你要读研，我心里直夸你有志气。

听说你找到中意的男朋友，我喜极而泣，了了我一番大心思。

到了出嫁的那一天，看着新郎抱着你上了车，心里酸酸的，我真的好难受好难受。

就像你那套漫画《有一天，你会长大》中所画的，那么快，你就长大了。你小孩子的样子还清晰存留在爸爸的记忆中，而你却也已经出嫁，为人妻，为人母。白驹过隙，斗转星移，我和你妈妈也已经成为鬓角斑白的半百之人。看到你选择了自己热爱的道路，并一直坚持走了下来，爸爸心里也满是欣慰。希望你在今后的创作征程中路越走越宽广。

王運華

2014.2.19

记得小时候，我的理想是当个作家，所以大学进了中文系。后来，我又迷上了电影，理想转向为做导演，于是考研又选择了电影学。再后来，我重拾童年的梦，拿起了画笔开始涂鸦，画了一个一个故事，渐渐爱上了这种文字加图画的叙述方式。原来，那个想当作家的小姑娘，那个想做导演的学生，那个拿起画笔的小媳妇儿，她们的梦想原本就是相通的，就是创作出心中的故事，无论是用文字、影像还是图画，写故事的梦一直都在。很庆幸自己坚持了那么久，跟外来的各种干扰和诱惑对抗了那么久，一直没有改变初衷。

有梦，能够实现梦，是一件幸运的事，我不该对生活要求更多。我想静静地画心里的故事，它们那么多，那么绚烂，那么有趣，它们都挤在我装得满满当当的大脑里，像一个一个没充气的气球，等待着我挨个儿把它们拉出来，仔细铺展平整，擦洗干净，然后再用画笔和文字慢慢地填塞进去，然后它们就鲜活起来了，胖胖鼓鼓地膨胀开来，在徐徐的微风中摇曳着，在灿烂的阳光下闪耀着，等待着爱它们的人把它们带走。

对于一个而立之年的人而言，说梦好像有些幼稚。可是，我还是想说，必须要有梦，不能放弃内心关于梦想的那哪怕一丁点儿渴望。不要随便就被迫融入已经被限定好的生活的洪流中，在被那些琐碎的劝诫和不安的流水冲得摇摇晃晃时，还是要使劲踩稳脚下的土地。是的，一不小心，你就会随着它们的流向改变初衷。你可能流入了一个看似体面稳定的职位，你坐在那把座椅上，有了一个身份。或者说，你填补了这个身份，而不是这个身份代表了你。

送给每个有梦的人。

感谢我亲爱的爸爸妈妈。那个曾经任性倔强的小女孩居然也已而立，嫁作人妇，又成为母亲。时光荏苒，好像只是翻翻日历的工夫，世界已经变了样子，我和爸爸妈妈也已经变了样子。感谢你们一直对我的包容和爱，我永远永远深深爱着你们，永远是你们心里那个小女孩。

感谢婆婆帮我一起照顾宝贝，还有一直以来对我们这个小家的悉心照料。如果不是您分担了很多，我也鲜有时间专心画画。

感谢我的先生鹿。如果不是他一直以来坚定的支持和鼓励，我也不知道自己究竟可以在这条路上走多久，不知道自己是否能够坚持画到现在。心性豁达，沉稳睿智的他是我的爱人，也是我的朋友和老师。在他身上，我学到了很多，从以前那个任性自我的小女孩一步步成熟起来。

还要感谢我亲爱的妹妹晴晴，为了本书的装帧设计，她耗费了很多休息日来帮我耐心完成。还有我亲爱的妹妹蓓蓓，一直在默默支持着姐姐。永远爱你们。感谢编辑苏靖，感谢每位为本书花费精力的朋友。为了书的顺利出版，大家都费心了。

最后，谢谢亲爱的你们选择了它，希望它没有让你们失望。如果这本书能够带给你哪怕是一个小小的微笑、一些细微的感动，和那么丁点儿近似幸福的感觉，作为作者的我也就感到很满足了。

Best wishes for all of you!

2014.2.23

编后记

总有些人，未曾谋面，却感觉相识已久……

总有些作品，看似波澜不惊，却意味深长……

第一次在微博中看到书中的同名漫画，就被深深地吸引和感动了。一个步履蹒跚的妈妈，在落日余晖中和即将远行的儿子挥手作别。这个无数次在影视、现实中上演的场景，在一个神奇的画笔下又一次得到了升华。是的，这就是你曾经听说或读过，在微博、微信上被无数次转发、感动千万人的《有一天，你会长大》。

曾经，我不止一次地问自己：一个什么样的妈妈才会把琐碎、杂乱、甚至烦恼不断的育儿生活描绘得如此温情？又是什么样的画笔才能把那些碎片化的育儿场景演绎得如此生动？让你在感动之余不得不思考自己的育儿人生？

当我在古都金陵见到幕后的创作者——悠鹿苏苏时，所有的一切都有了答案。

她是一个热爱文学和绘画的奇妙女子，也是外表纤弱内心丰富的童话缔造者，谈吐中充满了文学的气息和浪漫的情怀。因为有着相似的人生轨迹，加之故乡相隔不过百里，我们一见如故。一起品尝的金陵名吃——糖芋苗，我大概此生都不会忘记。

和她的相遇，始于憧憬，终于留恋。很想用孙燕姿最新单曲《克卜勒》中的一句歌词表达我的心情：一闪一闪亮晶晶，藏在众多孤星之中还是找得到你。或许，这就是缘分吧。

后来，关于书稿的探讨，育儿理念的交流，都融合在无数个网络聊天记录、往来的邮件和仅有的两次见面中。这部书稿，从最初的选题立项开始一步一个脚印地走来，在跨越了漫长的三个季节，万物复苏、春回大地之时，终将破土而出。我欣喜，感动，就像当初孕育的小生命降临世间那般。

回顾这段和书稿亲密接触的日子，作者的敬业和执著让我钦佩不已。抛下宝宝，躲到酒店里赶稿的是她，不断在两个城市中来回穿梭的也是她。她坚持不懈地追求完美，对书稿中的漫画仔细甄选，在版式、封面上也下足了工夫。我笑侃她：你这种对作品高标准、严要求、追求细节完美的精神俨然就是一名编辑嘛。不得不说，遇上她，遇见她的作品，我是幸运和幸福的。

最终，我们把全书的基调色定为小清新的嫩绿色。它象征着世态万物的萌芽和生气蓬勃，像极了书中的主人公"悠宝"，让人不禁感慨：生命的诞生和成长历程是如此美妙。

书中的最后一幅漫画是《妈妈的小情人》。又是一个无数人所熟知的场景：大手拉着小手，背后映出一大一小美丽的身影。旁白：那些年，和小情人一起牵手走过的时光……

潸然泪下。

感谢悠鹿苏苏创作出如此优秀的作品；感谢我的小情人，是你让我的生命更加完整；感谢千千万万的读者朋友，有了你们的喜爱和陪伴，我们会在育儿漫画的道路上继续前行。

最后，祝阅读愉快！

策划人：苏靖

新浪微博:@悠鹿蘇蘇　　♥　　公众微信:悠鹿苏苏

 E-mail: littlesue.deer@qq.com

图书在版编目（ＣＩＰ）数据

有一天,你会长大 / 悠鹿苏苏著. — 上海：上海世界图书出版公司, 2014.5

ISBN 978-7-5100-7747-0

Ⅰ.①有… Ⅱ.①悠… Ⅲ.①婴幼儿 - 哺育 - 通俗读物 Ⅳ.①TS976.31-49

中国版本图书馆CIP数据核字(2014)第049353号

责任编辑：苏 靖

装帧设计：王 晴

有一天，你会长大

悠鹿苏苏 著

上海世界图书出版公司出版发行

上海市广中路88号

邮政编码 200083

上海新艺印刷有限公司印刷

如发现印刷质量问题，请与印刷厂联系

（质检科电话：021-56683130）

各地新华书店经销

开本：890 × 1240 1/32 印张：6.75 + 1.25 字数：179 000

2014年5月第1版 2014年5月第1次印刷

ISBN 978-7-5100-7747-0/T · 215

定价：32.80元

http://www.wpcsh.com

http://www.wpcsh.com.cn

目录

合格奶牛养成记

做了妈咪之后，自然而然升级为一名光荣的奶牛~

可是，同样身为奶牛族群，为什么产奶量还会有差异呢……

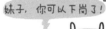

首选催乳方法：宝宝多多吮吸。

宝宝的吮吸能刺激哺乳期的妈妈体内分泌催乳素和催产素，这两种激素能够使乳房内的腺体制造和分泌乳汁。因此，更多的吮吸次数有助于催乳，吮吸得越勤、吮吸的时间越长，刺激更多的激素产生，奶水分泌也会越旺盛。

宝贝儿，饿了就来用餐哦，妈咪随时恭候~

宝宝指定饮食单位

妈妈食堂
开张时间：按需供应，不定时服务

催乳大法之二：汤汤水水不可少。

据悉，哺乳妈妈一天至少要摄取2700~3200cc的水分，炖盅、汤品都是最佳的水分补充来源。在这给妈妈们推荐几种较有效的常见汤品。另外黑麦汁、豆浆、杏仁粉茶、牛奶也是很好的选择。

猪脚黄豆汤

鲫鱼通草汤

冰糖红豆汤

酒酿蛋

请保佑这些汤汁都变成甘甜的乳汁给我的宝贝吧!!

催乳大法之三：胸部按摩法。

如果还能顺便丰胸的话就更棒啦，嘿嘿嘿

贪心的妈妈

特殊部位护理中。

乳房保健按摩对于那些奶少的妈妈们也是比较有效的。可以根据资料学习，自己尝试进行按摩，也可以找催乳师或是去妇幼保健院找相关的医师进行按摩哦~

催乳大法之四：中药法。
乳汁较少的妈妈还可以考虑去中医院请相关的医生据自身情况开一些中药方，民间也有一些流传的方子，但还是要跟医师沟通一下比较稳妥。

通草
+
王不留行
+
黑豆
+
……

宝贝儿，为了你，苦一点也愿意！！

催乳大法之五：催奶茶。

还有一种茶包，叫做催奶茶或者泌乳茶。国产的国外的都有。里面是一些草本植物，可以泡着当茶水喝。想起来就可以喝上一大杯，比起单纯喝水应该更有效用一些，冲泡起来也很方便。

催乳大法之六：树立坚定信心。
在母乳喂养的道路上，总会有质疑的声音，比如，家人可能会担心宝宝能不能吃饱、营养是否充足等，这些负面的意见也会给母乳妈妈造成压力和困惑。一定要树立信心，坚信自己可以给宝贝提供最棒的口粮！

谁都别想动摇我！

你奶水够不够宝宝吃的啊？

要不直接喂奶粉吧？

别饿着宝宝了，你看人家妈妈，奶如泉涌啊，咱们是不是……

合格奶牛养成记

催乳大法之七：
保持愉悦的心情和充分的休息。
在哺乳期间要经常保持稳定愉快
的情绪和精神状态，这对奶水充
足有很大的帮助。因为你的情绪
变化会直接影响你的内分泌系统，
从而影响奶水的产生。各位妈妈，
为了宝贝，一定要多开心笑哦。
请家人也给予充分的理解和支持。

催乳大法之八：合理使用吸奶器。

大家好，除了以上方法外，
我的协助也是对母乳妈咪
的有力支持哦！

新安怡自然原生吸乳器

感觉小家伙吸力
有点小，而且才
吃了一小会儿就
迷迷糊糊要睡了，
好发愁啊……

好像有位
妈妈需要
我的帮助
哦~

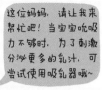

这位妈妈，请让我来帮忙吧！当宝宝吮吸力不够时，为了刺激分泌更多的乳汁，可尝试使用吸乳器哦~

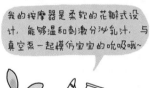

我的按摩器是柔软的花瓣式设计，能够温和刺激分泌乳汁，与真空泵一起模仿宝宝的吮吸哦~

在宝宝吃完之后，也可以使用吸奶器将剩余的乳汁吸出排空乳房，以保持泌乳量。

母乳喂养漫画集

宝贝，妈妈又多了一个秘密武器哦，决定马上操作起来啦，希望它可以帮到我更多～

加油吧，亲爱的奶牛妈妈…

母乳道路上，真心感谢你们的陪伴…

淤积奶块的烦恼

母乳妈妈们的情形可谓大相径庭，有的为母乳少而发愁，也有的为母乳太多而烦恼~

小样，你就得瑟吧！

奶水太多了，每次吃不掉都浪费呢……

怎么还没吃多久就睡了？妈妈感觉还挺胀的呢，不能再多吃一会儿吗？

因为初生宝宝奶量较小，有时无法吮吸所有的乳汁。宝宝出生第一天的胃容量仅相当于一粒弹珠，而到出生第五天其胃容量也仅为一个鸡蛋大小哦~

有些妈妈泌乳较多，宝宝无法吮吸完，有时会发生乳腺导管堵塞的情况，引起奶汁淤积，胸部胀痛哦~

啊，怎么又有奶块了，好疼啊……

妈妈食堂，供大于求。

有时妈妈偶然有事外出，未能及时哺乳，也可能会导致奶汁淤积的痛苦哦~

哎呀，感觉胸部胀得好难受！难得出来玩一次还不小心中招了……

淤积奶块后处理的方法有：
热毛巾敷

顺时针使劲按摩

传统方法：用梳子蘸温水后使劲梳理

苦不堪言！

做一名奶牛我容易嘛我！

奶块淤积如果处理不当，会引起发烧，需要去医院挂水~

老公，帮把这些受罪的过程都拍成照片，以后臭小子不听话了就翻给他看，老娘以前为他吃了多少苦，胆敢不孝看看……

淤积奶块的烦恼

奶块淤积处理不当最可怕的结果是，得了乳腺炎需要动手术。

什么情况？

需要慎重对待奶块淤积，如果处理不当可能会得乳腺炎，需要手术治疗……

预防小贴士一：
新妈妈哺乳次数要勤，双侧乳房同时进行。喂奶时宝宝吃空一侧乳房再吃另一侧，以充分排空乳房并且可以使宝宝在一次哺乳中吃到前乳和后乳，营养更均衡。

宝贝，妈妈跟你商量一下，一会儿两边都要吃，两边食堂口粮是一样的，不要挑嘴哦~

预防小贴士二：
哺乳后，如果宝宝未能吃空两侧乳房，可用手挤或是吸乳器吸空乳汁的办法来把乳房存积的乳汁排空，可以有效防止乳汁淤积~

我是不会告诉你们我在干嘛的……

奶牛秘密行动中~

各位妈妈，每次哺乳最好都可以将乳房吸完排空，这样既可以有效预防乳汁淤积堵塞乳腺管，又能够维持乳汁的最大分泌量。

为了方便快捷，妈妈们可以考虑使用电动吸乳器来帮忙吸奶以便及时排空乳房~

新安怡自然原生电动吸乳器

在这里，我能够帮到大家哦。吸乳器的合理使用会给母乳较多的妈妈们提供很多的便利呢！

PHILIPS AVENT

我可以帮助妈妈们将宝宝未喝完的乳汁及时吸出，保持泌乳量，防止淤积。我设计独特，具备轻柔刺激模式和三种吸乳设置，妈妈使用起来会非常舒适，并且电动吸乳器比手动的操作起来会更加省时省力哦~

宝贝，妈妈终于有新助手啦……

淤积奶块的烦恼

辛苦的奶牛妈妈有时也需要外出放风，据说这位妈妈最近轻松了很多哦~

今天放松一下，出去happy咯~有了这个大包包，就什么都不怕了！

里面究竟是什么东东呢？

神秘包包现身~

包包里原来是：

1.新安怡自然原生吸乳器

及时吸乳防止奶块淤积的好伙伴。

2.新安怡乳垫

超舒柔抛弃式乳垫，可以随时收集漏乳，让乳房保持干爽舒适。

3.新安怡胸部护罩

可将飞利浦新安怡超舒柔胸部护罩内穿于胸罩里，防止乳头擦伤并收集渗漏母乳。

这些都是我的"奶牛贴心伴侣"哦，有了它们，我的战斗指数绝对有增加！同样是奶牛，我们要争取做一只更加自信、幸福的奶牛！各位妈妈一起加油吧~

希望妈妈们都能够拥有自己的"贴心伴侣"哦~

前几天又积奶块了，用梳子自虐地梳了好久才通畅，疼死了，哎……

亲爱的，给你推荐我的那套奶牛贴心伴侣吧，我已经很久都没有再积奶块了，希望能够帮到你哦！

谈积奶块的烦恼

15

奶牛妈妈要放假

升级为新手妈咪之后，妈妈们的生活跟之前发生了很大的变化，面临睡眠不足等严峻的考验~

我昨晚醒了几次？三次四次还是五次？

妈妈，有了我之后是不是疲惫并快乐着啊？嘿嘿……

刚准备休息一会儿又被宝宝呼唤去喂奶~原来的自由自在完全被打破了……

妈妈快过来，宝宝又要开餐啦！

无限量鲜奶供应区

新手妈妈，绝大部分的精力用来照顾宝宝，跟老公之间无形中也有了暂时的疏离……

妈妈现在是我的，不许跟我抢！~

小宝无影腿~

奶牛妈妈要放假

17

还有，生娃前保持的良好婆媳关系在生娃后因为育儿观念的不一致，多多少少都会受到影响~

妈，其实这种做法现在不时兴了，现在科学的方法一般是……

什么？嫌我过时了？

天天围着宝宝转，以前的闺蜜圈也不小心远离啦~

不行啊亲爱的，小家伙还没断奶，我出去了就没法给他喂奶了……

一起出来玩吧，还有宁宁和薇子！

各种突然的转变对于一位新手妈咪而言，真的很有压力！而且据研究，母亲精神和身体的过度紧张会对泌乳量造成一定的负面影响哦~

我也想有个美好的春天，神哪，给我一点喘息的空间吧……

压力山大

别说你们人类了，没听说现在我们奶牛也是要悠闲地漫步在农场，听着美妙的音乐……这样心情好产奶才会又多又好嘛！

Music！

难道我的待遇还不如一只奶牛？

一天做24小时的奶牛妈妈，很劳累，偶尔也需要外出放松一下。爸爸要理解和支持妈妈哦！

老婆，最近辛苦了，过几天带你出去玩玩，你一直想去的……

啊，太棒啦！

放心吧，我已经帮你找了一位好帮手！

宝贝还要吃奶呢，我出去了他怎么办啊？

奶牛妈妈要放假

19

说的助手就是我啦，呵呵。大家好，我是新安怡自然原生电动吸乳器，妈妈们偶尔也需要外出一下，这时可以提前用吸乳器把乳汁吸出存放在冰箱里再喂宝宝哦~

外出时也可以将我随身携带，我可以通过电池供电，携带方便。帮助妈妈们及时吸乳，防止淤积，也可以将吸出的乳汁存放在放了冰袋的保温杯中，回家仍旧可以喂宝宝~

在吸乳时，有些常见方法可供妈妈们参考。

吸乳时，放一张宝宝的照片在面前，心里想着宝宝，会刺激催乳素的产生有利于乳汁的分泌。

马上就出发咯，包包里还有我此行的得力助手，所以回来时还可以带回宝宝的口粮哦。想出去放松一下又不想耽误宝宝母乳喂养的妈妈们可以尝试一下！一起加油吧！

我在这里！

凹陷皲裂怎么办

人与人之间天生具备差异性,有的胖有的瘦,有的高有的矮,因此乳房外观也存在差异哦~

个子没我高,但是胸很大嘛!

胸有点"飞机场",但是个子很苗条哇!

童鞋,你干嘛那么调皮躲进去?!美观倒是其次,将来影响给宝贝哺乳就麻烦了,哎!

SECRET

有的妈妈,可能会存在乳头扁平或凹陷的问题哦。

保健运动,开始!~

可以在哺乳前就使用一定方法进行矫正。自孕期八个月起准妈妈就可以开始尝试做乳房保健练习,及时矫正凹陷乳头。

宝宝出生后，可让宝宝来吮吸尝试将乳头外拉~

待会儿一定要用力吃哦宝贝，妈妈就拜托你啦!

放心吧，妈妈，我一定使出吃奶的力气!

也可以在每次喂奶前用乳头矫正器将乳头拉出再让宝宝吸吮。

新安怡乳头矫正器。每次开始哺乳的前几分钟使用矫正器将乳头拉出，让您的宝宝能够轻易地吸住乳头，达到亲自哺乳的目的。一旦奶水充分地流出，就可以停止使用乳头矫正器，让宝宝来吮吸。

Baby，妈咪对不住你啊，错过了矫正期，呜呜呜……

如果乳头凹陷是由于先天发育不良，孕期又没有及时矫正，也会有产后新生儿无法吮吸等各种问题的困扰~

凹陷皲裂怎么办

25

此时，可用吸乳器吸出乳汁，实现间接喂养。

新安怡自然原生电动吸乳器

母乳喂养漫画集

这位妈妈别担心，我来帮助你吧！

乳头皲裂问题也是母乳喂养时的常见问题。几乎绝大多数哺乳妈妈都为此痛苦过……

又受伤了，钻心地疼啊，怎么办怎么办……

哺乳妈妈必读

贴心小贴士，防止乳房皲裂的方法：
方法① 养成良好的哺乳习惯，每次哺乳时间不宜过长，15~20分钟即可。

方法② 每次喂奶前后都要用温开水洗净乳头、乳晕，包括乳头上的硬痂，保持干燥、清洁，防止乳头及乳晕皮肤发生裂口。

多贴心的娃儿……

妈咪，今天你洗了没有？

方法③ 经常用干燥柔软的小毛巾轻轻擦拭乳头，以增加乳头表皮的坚韧性，避免吮吸时发生破损。

今天的保养时间又到了，加油，不能偷懒！

已经发生了皲裂怎么办？

贴心小贴士：
方法① 乳头发生皲裂时，每次喂奶前先做湿热敷，并按摩乳房刺激排乳反射。

凹陷皲裂怎么办

方法② 喂完奶用食指轻轻按住宝贝的下颌，待宝贝张口时再把乳头抽出，切记不要生硬地抽出。

这次要小心了，上次就不小心被小家伙咬破了~

方法③ 每次哺乳后挤出一点奶水涂抹在乳头及乳晕上，让乳头保持干燥，同时让奶水中的蛋白质促进乳头破损的修复。

原来还可以这样……

方法④ 喂奶时先吮吸未皲裂的那侧乳房，如果两侧乳房都有皲裂，先吮吸伤口较轻的一侧，一定注意让宝贝含住乳头及大部分乳晕，并经常变换喂奶姿势，以减轻用力吮吸时对乳头的刺激。

宝贝，一会儿我们先吃左边吧！

方法⑤ 如果皲裂伤口疼痛厉害，可以暂不让宝宝吮吸，用吸乳器及时吸出奶水，或用手挤出奶水喂宝宝，以减轻炎症，促进裂口愈合。但不可轻易放弃母乳喂养，否则容易使奶水减少或发生奶疖、乳腺炎。

好疼啊！！

我来帮忙吧！

推荐两位母乳喂养的得力助手给妈妈们哦！

新安怡自然原生电动吸乳器：柔软的按摩护垫，轻柔地刺激乳汁分泌。在妈妈乳头皲裂时可以将奶水吸出喂宝宝。

新安怡乳头保护罩：可在乳头皲裂时使用，哺乳时可以保护乳头，减缓不适，有效帮助延长母乳喂养的时间。

有了这两位得力助手的帮忙，我一定坚持母乳喂养的信心不动摇！各位奶牛妈妈们，一起加油吧！

母乳喂养得力助手

凹陷皲裂怎么办

背奶妈妈

是这样练成的

跟宝宝在一起的时光是那么甜蜜、温馨，每位妈妈都希望待在宝宝身边的时间能够久一点再久一点，然而，职场妈妈们终究还是会有结束产假返回工作岗位的那一天~

产假结束倒计时
还有 0 6 天

大部分职场妈妈最多只有四个月的产假，即便是还在哺乳的妈妈也是如此，非常无奈。

母乳较配方奶粉优势多多

母乳含有丰富而独特的营养元素及活性物质，其复杂而合理的养分搭配完全适合人类婴儿的需求，任何奶粉都难以望其项背。

母乳根据孩子的需要不断调整，奶粉只能一成不变。

母乳中含有的400多种营养元素是奶粉无法仿制的。

母乳中有丰富的活性免疫因子，为宝贝提供各种"抗体"。

背奶妈妈是怎样练成的

宝贝，其实妈妈想背的不是奶，是你啊！不能背你，只好背奶啦！

母乳是给宝贝最好的选择，妈妈们也不愿因为上班放弃母乳喂养，所以，很多职场母乳妈妈无奈之下只好选择做背奶一族！

在这里，分享一点经验给大家哦，首先是准备一些背奶工具~

①省时省力必备工具：吸乳器

有一台吸乳器会令整个吸乳过程更便捷。我的花瓣式按摩器非常柔软，妈妈们还可以选择比较舒适的坐姿哦！

新安怡自然原生电动吸乳器

②准备储奶工具：

新安怡VIA母乳储存杯方便携带，可以放在冰箱冷藏冷冻，可与新安怡吸乳器配套使用。

母乳储存袋冷冻时使用方便。

妈妈去上班了，奶奶来喂宝宝哦~

新安怡自然原生奶瓶亦可以用来储存母乳

贴近母乳胸型的奶嘴有利于宝宝以原生自然的方式进行吮吸，可轻易实现母乳与奶瓶的交互喂养~

③冷冻工具：冰袋或是蓝冰，方便的话也可以用单位的冰箱冻冰块。

冰箱冷冻冰块

在购物网站上搜索冰袋或蓝冰就可以找到。使用方便，前一晚放置冰箱冷冻室就可以了，是背奶妈妈的首选。

④保温工具：保温包或是保温瓶。

现在有专门的母乳保温包出售，设计比较合理，方便背奶妈妈们存放多个奶瓶和冰袋。

背奶妈妈是怎样练成的

33

⑤清洁工具：洗手液，香皂，小毛巾或湿巾。

开始挤奶前妈妈们一定不要忘了做手部清洁，以防止手上的细菌不小心混入母乳中哦！

⑥诱导工具：宝宝的照片或是哭声的录音录像。

妈妈们可以把宝宝吃奶前哭闹的录像存放在手机或是MP4中，吸奶的时候看看，对泌乳很有帮助~

吸奶时间：各位妈妈根据自身情况，每隔2至4小时吸一次奶。

时间差不多了，带上装备，去产奶啦！

为了保障卫生，挤奶之前把吸乳器用开水烫一烫，自己的手也要清洗干净哦。

我先泡个热水澡，嘻嘻！

洗手间 TOILET

Sorry啊，宝贝，妈妈只能在这里给你产奶啦！

挤奶地点：

如有能有 公司会议室 或是更衣室可以挤奶自然是件幸福的事。不过据悉，大部分职场妈妈都是在洗手间挤的奶哦，真心希望工作单位可以了解哺乳妈妈们的难处，为她们设置一间小小的挤奶间！

劳累了一天的背奶妈妈，回家还要照顾宝宝，真的很不易！

妈妈们回家后还要记得让宝贝多多吮吸，这样更能保证乳汁的分泌量哦~

母乳喂养漫画集

背奶妈妈很伟大

辛苦的职场背奶妈妈真的很不易，希望家人和工作单位给予她们更多的理解和支持！背奶妈妈们，一起加油吧！

祝愿各位亲爱的奶牛妈妈，

在母乳喂养的道路上，

越战越勇……

漫画构思及制作：悠鹿苏苏

新浪微博：@悠鹿蘇蘇

公众微信：youlususu